RECHERCHES

SUR

LES DIVERSES ESPÈCES

DE GOMMES;

DEUXIÈME THÈSE

Présentée et soutenue le   1830, devant
la Faculté des Sciences de l'Académie de Paris,

Par R.-T. GUÉRIN,

MAITRE DE CONFÉRENCES A LÉCOLE NORMALE.

A

MONSIEUR CHEVREUL,

MON MAITRE,

Membre de l'Institut.

de respect, de reconnaissance et

d'amitié.

ACADÉMIE DE PARIS.

FACULTÉ DES SCIENCES.

MM.

PROFESSEURS.
- Le Bon THENARD (Doyen),
- LACROIX,
- BIOT,
- Le Bon POISSON,
- FRANCOEUR,
- GAY-LUSSAC,
- DESFONTAINES,
- GEOFFROY-St-HILAIRE,
- BEUDANT.

MM.

PROFESSEURS-ADJOINTS.
- DUCROTAY de BLAINVILLE,
- MIRBEL,
- HACHETTE,
- DULONG,
- CAUCHY,
- POUILLET.

M.

DE LA FOSSE (*Suppléant*).

INTRODUCTION.

Fourcroy a composé un genre *Gomme* (*) ou *Muqueux* de plusieurs espèces ou variétés, savoir : la Gomme du pays, la Gomme arabique et la Gomme adragante; il y a ajouté les mucilages de graines de lin, d'oignon de lis, etc., qu'on regarde généralement comme des Gommes extraites des végétaux au moyen de l'eau.

M. Thomson a réparti les Gommes de Fourcroy en trois genres, savoir :

1°. Le genre Gomme, qui comprend la Gomme arabique, la Gomme du sénégal, la Gomme du *stertulia urens;*

2°. Le genre muqueux, qui comprend le mucilage de graines de lin, celui de graines de coin, celui des racines de *hyacintus non scriptus, de l'althea officinalis,* celui de beaucoup de *fucus* et de beaucoup de lichens;

3°. Le genre cérasine, qui comprend la Gomme adragante et la Gomme du pays.

Avant d'exposer mes recherches, je vais examiner si ces différens genres reposent sur des caractères assez précis pour qu'on doive les admettre définitivement.

1°. La Gomme adragante, mise par Fourcroy dans son genre *Gomme*, et par M. Thomson dans son

---

(*) J'emploierai le mot *Gomme* dans l'acception qu'il a dans le commerce, jusqu'à ce que j'aie pu en donner une définition précise.

genre *Cérasine*, ne peut être considérée comme un principe immédiat, puisque, d'après les expériences de Bucholz et les miennes, elle est composée de deux parties distinctes, l'une soluble et l'autre insoluble. La partie soluble a été regardée, par ce chimiste, comme semblable à la Gomme arabique, quoiqu'il n'ait fait aucune expérience décisive pour le démontrer. D'après mon travail, cette partie soluble est identique à la Gomme arabique ; la partie insoluble n'a pas été examinée par ce savant : je suis conduit à la regarder comme une espèce distincte.

2°. Si les expériences auxquelles on a soumis la Gomme arabique *paraissent* lui assigner un rang parmi les principes immédiats purs, il faut convenir que celles que l'on a faites sur toutes les autres Gommes sont insuffisantes pour fixer les idées sur la manière dont on doit les classer. En effet, puisque, d'après M. Thomson, la Gomme du Sénégal ne diffère de la Gomme arabique que par une couleur plus foncée, et parce qu'elle est en morceaux plus gros que ceux de cette dernière, on ne voit pas de raison pour en faire deux espèces. Observons d'ailleurs que ni l'une ni l'autre ne peuvent constituer un principe immédiat pur, puisqu'elles renferment toutes deux une matière colorante qui est jaunâtre dans la Gomme arabique, et rougeâtre dans la Gomme du Sénégal. La matière colorante est étrangère à la Gomme arabique, parce qu'on rencontre des échantillons de cette dernière qui en sont privés ; toutes deux contiennent en outre une substance azotée en très petite quantité.

La Gomme du *stertulia urens* forme, avec l'eau

froide, une gelée comme la Gomme adragante : or, d'après cette propriété et la solubilité de la Gomme arabique dans l'eau froide, pourquoi ce chimiste n'a-t-il pas considéré la première comme une espèce de cérasine?

La séparation du genre muqueux d'avec les es-pèces du genre Gomme est sans fondement. D'abord M. Thomson ne donne aucun moyen de distinguer ces deux genres l'un de l'autre, si ce n'est que la Gomme arabique précipite le silicate de potasse, tandis que le mucilage de graines de lin ne le préci-pite pas; mais ce dernier résultat est contraire à mes ex-périences. De plus, les espèces de son genre Gomme don-nent, par l'acide nitrique, de l'acide mucique, comme le fait le mucilage de graines de lin, qu'il considère comme l'espèce la plus pure de son genre muqueux; tandis que le mucilage de lichen, autre espèce de muqueux, ne donne pas d'acide mucique quand on le traite par l'acide nitrique, d'après les expériences de M. Berzelius, sur le mucilage du *lichen Islan-dicus*.

3°. On regarde la Gomme de Bassora du commerce comme une espèce; mais, d'après moi, elle renferme deux parties : l'une, soluble, identique à la Gomme arabique, et l'autre, insoluble, formant une espèce distincte.

4°. Le mucilage de graines de lin, placé dans le genre muqueux, est dans le même cas que la Gomme de Bassora.

5°. La Gomme du pays, mise dans le genre cérasine, se dissout dans l'eau tantôt complètement, tantôt incomplètement; du moins, les Gommes du pays qui m'ont été vendues pour telles dans le commerce présentaient ces différences.

Cet examen montre évidemment que non-seulement les différens genres établis par les chimistes ne sont fondés sur aucun caractère essentiel, mais en outre que des matières, comme la Gomme adragante, regardées comme des espèces ou comme de simples variétés d'une même espèce, sont composées de plusieurs espèces distinctes.

Frappé du défaut de précision des caractères assignés à ces différens genres, j'entrepris ces recherches, d'après les vues exposées par M. Chevreul, dans le tome 19 du *Dictionnaire des Sciences naturelles* et dans son ouvrage sur l'*Analyse organique*.

S'il est vrai, comme je viens de le démontrer, que les Gommes n'ont pas été bien classées, il faut avouer que ce sont des substances assez difficiles à définir comme espèces.

En effet, comparées au sucre, au ligneux, à l'amidon, etc., elles sont formées des mêmes élémens unis à très peu près dans le même rapport : c'est ce qui explique pourquoi toutes ces substances tendent à se confondre pour l'observateur qui veut les distinguer lorsqu'elles éprouvent des altérations plus ou moins profondes ; ainsi, brûlées par l'oxigène, elles donnent les mêmes produits, savoir : de l'eau et de l'acide carbonique ; soumises à la distillation, elles donnent de l'eau, de l'acide acétique, des huiles empyreumatiques, du charbon, etc.

Si nous examinons ces corps organiques dans l'état où ils se présentent à nous, nous voyons, 1° que le sucre se distingue des autres par sa forme cristalline, par

(5)

sa solubilité, dans l'alcool à 36°, en proportion déter-
minée et dans des circonstances également déterminées;
par sa conversion, au moyen du ferment, en acide
carbonique et en alcool;

2°. Que l'amidon se distingue par sa forme globuleuse
et ses autres propriétés physiques, par son insolubilité
dans l'eau froide, s'il n'y séjourne pas long – temps,
ou s'il n'y est pas écrasé;

3°. Que le ligneux se distingue par son insolubilité
dans tous les dissolvans ordinaires, par sa structure fi-
breuse, qu'il conserve toujours tant qu'il n'est pas altéré;

4°. Quant aux Gommes, elles ne cristallisent pas,
elles sont solubles dans l'eau froide ou susceptibles
de s'y gonfler; elles sont insolubles dans l'alcool; elles
n'éprouvent pas la fermentation alcoolique, du moins
dans les circonstances où le sucre l'éprouve. Puisqu'elles n'ont aucun caractère physique propre à les
faire reconnaître des autres substances, il faut cher-
cher dans leurs caractères chimiques s'il y en a qui
puissent les distinguer du sucre, de l'amidon, du ligneux.

On sait que lorsqu'on traite ces substances convenablement par l'acide nitrique, le sucre, l'amidon, le
ligneux donnent de l'acide oxalique, et les Gommes
arabique et adragante fournissent de l'acide oxalique,
plus de l'acide mucique. Puisque celles-ci donnent
exclusivement de l'acide mucique, il s'ensuit qu'il faut
considérer cette propriété comme le caractère fonda-
mental du genre des Gommes, circonscrit aux matières
dont nous avons parlé précédemment. Nous disons circonscrit aux matières dont nous avons parlé, parce
que le sucre de lait jouit de ce caractère; mais ce dernier est facile à distinguer des Gommes par ses pro-

priétés physiques, et surtout par sa forme cristalline, qui permet de l'obtenir à l'état de pureté ; de plus, le sucre de lait ne se trouve que dans le lait des animaux, tandis que les Gommes n'ont été rencontrées que dans les végétaux.

Par conséquent, d'après la règle établie par M. Chevreul, de ne considérer comme *espèce de principes immédiats, que les corps dont on ne peut séparer plusieurs sortes de matières sans en changer évidemment la nature,* j'exclus du genre *Gomme* toutes les substances qui se séparent, par l'action de l'eau, en une partie soluble et une partie insoluble. En outre, comme les matières qui sont les plus rapprochées par leur composition élémentaire des Gommes, ne donnent pas d'acide mucique, je ne rangerai dans le genre Gomme que les substances qui sont douées de cette propriété.

C'est pour ne s'être pas fait une idée juste de l'*espèce* dans les principes immédiats, c'est pour n'avoir pas discuté la valeur des caractères qui ont été employés pour classer les matières végétales auxquelles on a donné le nom de *Gommes,* c'est pour avoir méconnu l'importance de la propriété qu'ont les Gommes arabique et adragante de se convertir en acide mucique, que les chimistes ont établi des genres si différens parmi les substances qui nous occupent.

Avant de les établir, il est clair qu'il fallait rechercher,

1°. Si les Gommes, entièrement solubles dans l'eau, se comportaient avec ce liquide comme des espèces pures, et dans ce cas, si elles étaient identiques ;

2°. Si les parties solubles dans l'eau froide, des Gommes qui sont incomplètement solubles dans ce liquide, donnaient de l'acide mucique, et si elles étaient identiques avec les Gommes entièrement solubles ;

3°. Si les parties insolubles dans l'eau, des Gommes incomplètement insolubles, étaient identiques entre elles et avec la bassorine, et enfin si elles produisaient de l'acide mucique lorsqu'on les traitait convenablement par l'acide nitrique.

Or, ce sont ces questions que je me suis proposé de traiter dans cette thèse.

Mes expériences ont été faites sur les Gommes arabique, du Sénégal, adragante, de Bassora. Il ne m'a pas été possible de trouver dans le commerce des Gommes du pays, dont la pureté me fût garantie ; c'est pour cette raison que je ne les ai pas étudiées.

Je me propose d'en recueillir moi-même sur les diverses espèces d'arbres susceptibles d'en produire, et de les examiner.

Remarque. Les Gommes dont je me suis servi ont été choisies parmi les plus belles du commerce ; toutes ont été pulvérisées et passées à travers un tamis de soie très fin. Les quantités d'eau renfermées dans ces substances ont été déterminées en les exposant dans le vide sec à 125°, jusqu'à ce qu'elles n'éprouvassent plus de perte. L'acide nitrique dont j'ai constamment fait usage était à 35° de Beaumé.

Description de l'étuve employée pour dessécher les Gommes dans le vide sec.

Cette étuve se compose :

1°. (Fig. 1) d'un vase cylindrique en cuivre ABCD,

dont le diamètre extérieur est o^m,237, et la hauteur o^m,187. Sur la surface convexe de ce cylindre est pratiquée une ouverture O, pour laisser sortir la vapeur.

2°. (Fig. 2) d'un disque en laiton EPFQ, de o^m,238 de diamètre, portant sur sa circonférence un anneau circulaire EMNF ; ces deux pièces sont soudées ensemble. Cet anneau, qui a une hauteur EM de o^m,025, entre par un léger frottement dans la partie ouverte CD du cylindre. Tout autour du disque est un cercle ESF, en laiton, formant ligne d'arrêt, et qui empêche ce disque de s'enfoncer dans le cylindre ; ce cercle porte un rebord haut de o^m,003.

3°. (Fig. 3) d'une cloche en laiton GH, d'un diamètre de o^m,215, d'une hauteur de o^m,184, et d'une épaisseur de o^m,002. Cette cloche est munie, à sa partie supérieure, d'une douille portant un robinet, et sur laquelle on peut visser un tuyau en plomb, pour faire le vide dans la cloche.

On lute la cloche avec un lut composé de carbonate de plomb et d'une huile siccative. Ce lut porte dans les arts le nom de *lut au blanc de plomb.*

Modifications apportées dans le tube renfermant le chlorure de calcium employé pour déterminer l'eau contenue dans une substance organique soumise à l'analyse.

.On a coutume de fermer les deux extrémités du tube qui contient le chlorure de calcium, par deux bouchons en liége auxquels on adapte deux tubes d'un diamètre plus petit que celui du premier, et de luter ensuite avec de la cire à cacheter.

Il peut arriver qu'il se détache, sans qu'on·s'en aperçoive, des fragmens de cire, après avoir pesé l'appareil; alors on est exposé à commettre de graves erreurs dans la détermination de l'eau. Pour obvier à cet inconvénient, je soude (fig. 4) à l'une des extrémités CD du tube ABCD, contenant le chlorure de calcium, un tube CDEF d'un diamètre plus petit; à l'autre extrémité AB j'adapte un tube IKGH, qui a été rodé sur le gros tube de manière à entrer de $0^m,035$ dans ce dernier. C'est dans le tube HGKI qu'on introduit l'extrémité effilée du tube contenant la substance à analyser.

Cette modification a l'avantage non-seulement d'éviter les causes d'erreur provenant de la cire à cacheter qui peut se détacher, mais encore elle dispense de luter à chaque expérience; elle offre en outre un appareil plus propre que celui qu'on emploie communément.

RECHERCHES

SUR LES DIVERSES ESPÈCES,

DE GOMMES.

Gomme arabique. ($C^6 O^5 H^{10}$.)

Composition immédiate.		Composition élémentaire.		
			Poids.	Atomes.
Eau......	17,60	Carbone.....	43,81...	6
Cendres...	3,00	Oxigène.....	49,85...	5
Gomme...	79,40	Hydrogène...	6,20...	10
		Azote.......	0,14	
	100,00		100,00.	

Elle contient, en outre, une petite quantité d'une matière colorante jaune. Il y a si peu d'azote, que je regarde la substance azotée comme tout-à-fait étrangère à la Gomme.

MM. Gay-Lussac et Thenard ont trouvé

Composition immédiate.		Composition élémentaire.		
			Poids.	Atomes.
Eau......	13,43	Carbone.....	42,23...	13
Cendres...	2,41	Oxigène.....	50,84...	12
Gomme...	84,16	Hydrogène...	6,93...	24
	100,00		100,00.	

Comme je n'ai pas employé la même Gomme que ces célèbres chimistes, il n'est pas étonnant que mes analyses diffèrent des leurs. Il est à remarquer aussi qu'ils n'ont pas desséché la Gomme dans le vide sec à 125°, mais seulement dans l'air à 100°.

La quantité de cendres que j'ai obtenue est la même que celle que Vauquelin a trouvée.

Examen des cendres. Elles renferment des carbonates de potasse et de chaux, très peu de phosphate de chaux, peu de chlorure de potassium, de l'oxide de fer, de l'alumine, de la silice, de la magnésie en quantité notable.

Vauquelin annonçant, dans un Mémoire inséré dans le 54° volume des *Annales de Chimie,* que la Gomme arabique étant incinérée ne donnait pas de potasse, j'examinai un très grand nombre d'échantillons de cette Gomme diversement colorés ; je trouvai toujours beaucoup de carbonate de potasse dans les cendres. En outre, je ferai observer que ce savant ne parle pas de l'alumine, de la silice et de la magnésie, que j'y ai rencontrées constamment.

Propriétés de la Gomme. Elle est incolore ou colorée en jaune, en rouge et en brun ; elle est en morceaux arrondis dont la grosseur varie, à cassure vitreuse ; exposée aux rayons solaires pendant long-temps, elle perd une grande partie de sa couleur, le plus souvent insipide, cependant quelquefois acide ; elle ne cristallise pas ; insoluble dans l'alcool, sans odeur ; elle n'éprouve pas la fermentation alcoolique ; inaltérable à l'air sec, s'acidifiant à l'air humide, ce qui pourrait expliquer la raison pourquoi on en rencontre qui est acide.

Une dissolution aqueuse, quoique filtrée, est toujours un peu louche. Ce louche tient sans doute à ce que la Gomme arabique a la propriété de faire passer au travers des filtres de papier des substances solides qui n'y passeraient pas si elles étaient en suspension dans l'eau pure. C'est ainsi que le charbon divisé ne peut être séparé de l'eau gommée par la filtration : si l'on augmente beaucoup la quantité de charbon, alors il retient la Gomme, suivant l'observation de Lowitz.

Si donc on dissout dans l'eau une assez grande quantité de Gomme, de manière cependant à ne pas former un mucilage trop épais, puis qu'on filtre la dissolution, on obtient sur le filtre une matière muqueuse (*) qui, étant séchée au bain-marie et chauffée convenablement, donne de l'ammoniaque. Ce résultat s'accorde avec ceux de MM. Théodore de Saussure et Vauquelin, qui ont trouvé de l'azote dans la Gomme arabique.

Il n'est guère possible de déterminer exactement le degré de solubilité de la Gomme, comme on détermine, par exemple, celui du sulfate de potasse ; car si, à une dissolution concentrée de Gomme, on ajoute une nouvelle quantité de cette substance, elle semble s'y dissoudre ; mais la liqueur devient tellement visqueuse qu'elle ne peut plus traverser le filtre en papier.

100 parties d'eau dissolvent, à 20°, 17,75 parties de Gomme arabique, et à 100°, 23,54 parties (**).

(*) Je pense qu'une partie de cette matière est entraînée à travers le filtre par la Gomme arabique, et que c'est elle qui rend louche sa dissolution aqueuse.

(**) Quand je dissoudrai les Gommes dans l'eau, ou quand je les traiterai par l'acide nitrique, les résultats numériques

Je ne prétends pas, par ces expériences, déterminer le degré de solubilité de la Gomme, mais seulement la proportion où une dissolution est aussi chargée que possible de cette substance, sans cesser, pour cela, de passér à travers un filtre de papier.

Une dissolution aqueuse, concentrée ou non, et privée d'air, se conserve dans le vide sans s'altérer ; mais si l'on y fait entrer quelques bulles de ce gaz, elle se décompose.

Cette même dissolution, exposée à l'air, devient acide au bout de quelques jours et répand une odeur analogue à celle de l'acide butyrique. La rapidité de la décomposition dépend de l'élévation de la température.

Ces résultats ressemblent à ceux que M. Gay-Lussac a obtenus avec le moût de raisin, qui n'a besoin, pour fermenter, que d'une très petite quantité d'air.

M. Thomson ayant indiqué le silicate de potasse comme le meilleur réactif pour reconnaître la présence de la Gomme arabique, j'ai fait des expériences comparatives avec ce réactif et le sous-acétaté de plomb, et j'ai trouvé que ce dernier forme un précipité dans une dissolution de Gomme où l'autre n'en donne pas.

Traitement de la Gomme arabique par l'acide nitrique.

Dans l'intention de savoir quelles étaient les quantités d'acide nitrique à employer pour obtenir le *maxi-*

---

que j'indiquerai seront toujours indépendans des cendres et de l'eau qu'elles renferment.

mum d'acide mucique, j'ai fait un grand nombre d'essais qui m'ont conduit aux résultats suivans.

La Gomme arabique, traitée à chaud par une ou deux fois son poids d'acide nitrique, n'est pas totalement attaquée.

Traitée par trois fois son poids, elle donne de l'acide mucique et un acide que Scheèle a considéré comme identique à l'acide malique. Il reste à voir si cet acide est le même que l'acide malique cristallisable des fruits, cette propriété n'ayant pas été constatée dans ce qu'on nomme l'*acide malique artificiel.*

Traitée par quatre fois son poids d'acide nitrique, elle fournit le *maximum* d'acide mucique et un peu d'acide oxalique. Si l'on emploie une plus grande quantité d'acide nitrique, on a moins d'acide mucique et plus d'acide oxalique.

Ce dernier résultat est au reste conforme aux expériences de Fourcroy et Vauquelin, qui, en traitant 31 grammes de gomme arabique par six fois leur poids d'acide nitrique, ont obtenu 14 grammes d'acide oxalique et peu d'acide mucique.

Procédé suivi pour obtenir l'acide mucique pur.

100 parties de gomme arabique ont été mises dans une capsule en porcelaine avec 400 parties d'acide nitrique, et abandonnées à la température ordinaire, en ayant soin d'agiter le mélange au commencement de l'expérience, pour détacher la gomme qui adhère au vase. Au bout de quelques heures la gomme est entièrement dissoute. On trouve au fond de la capsule

quelques grains de silice, que l'on sépare facilement de la liqueur.

La dissolution transparente, mais un peu jaunâtre, a été chauffée jusqu'à siccité au bain-marie à 100°. Le résidu, d'un beau blanc, est pâteux, et se tire en longs fils lorsqu'il est encore chaud ; à froid, il est dur et cassant.

Ce résidu, très acide, a été mêlé avec un peu d'eau ; on a évaporé à 100° jusqu'à siccité, afin de chasser de l'acide nitrique.

Le nouveau résidu a été mis avec un excès d'alcool à 40° Beaumé ; on a remué, afin de détacher la matière qui tient à la capsule, et l'on a abandonné la liqueur à elle-même pendant une heure. Il s'est formé un précipité pulvérulent, qu'on a jeté sur un filtre ; ce filtre, lavé convenablement avec de l'alcool à 40°, contenait de l'acide mucique d'un blanc de neige.

Les liqueurs alcooliques acides et jaunâtres ont été réunies ; elles ont été évaporées à 100°, et rapprochées suffisamment. Il s'est précipité de l'acide mucique, qui a été jeté sur un filtre qu'on a lavé avec un peu d'alcool.

La nouvelle liqueur alcoolique, abandonnée à une évaporation spontanée à 25°, a donné de l'acide oxalique cristallisé.

L'acide mucique ainsi obtenu retient un peu de mucate de chaux. Pour l'en purifier, il suffit de le faire digérer à froid avec de l'acide nitrique très faible, et de décanter le liquide. On continue ce traitement jusqu'à ce que le liquide décanté, étant évaporé à siccité et chauffé au rouge, ne donne plus de résidu.

C'est en suivant ce procédé que j'ai purifié et déterminé les quantités d'acide mucique fournies par les différentes Gommes, et en tenant compte, bien entendu, de la petite quantité d'acide mucique dissoute avec la chaux par l'acide nitrique.

J'ai trouvé que 100 parties de Gomme arabique, traitées par 400 parties d'acide nitrique, donnaient 16,88 parties d'acide mucique.

Conclusion. D'après mes expériences, la Gomme arabique du commerce est formée, 1°. d'un principe immédiat non azoté, soluble dans l'eau froide, susceptible de donner 16,88 grammes d'acide mucique pour 100; 2°. d'un principe colorant; 3°. d'une matière azotée; 4°. de matières fixes au feu.

Gomme du Sénégal. ($C^6 O^5 H^{10}$.)

Composition immédiate.		Composition élémentaire:		Poids.	Atomes.
Eau.	16,10	Carbone....		43,59...	6
Cendres..	2,80	Oxigène. ...		50,07...	5
Gomme..	81,10	Hydrogène..		6,23...	10.
		Azote......		0,11	
	100,00			100,00.	

Elle renferme en outre une petite quantité de matière colorante rougeâtre.

La remarque que j'ai faite par rapport à l'azote, dans l'étude de la Gomme arabique s'applique à celle-ci.

Examen des cendres. Elles contiennent des carbonates de potasse, de chaux, des traces de phosphate de chaux, des traces de chlorure de potassium ; de l'oxide de fer, de l'alumine, de la silice et de la magnésie en·petite quantité.

Propriétés de la Gomme. Elle se présente en morceaux rougeâtres, qui sont quelquefois de la grosseur du poing, ayant une forme ovoïde, souvent creux, faciles à pulvériser, à cassure vitreuse. Cette Gomme est parfois acide ; elle est inodore, insipide, insoluble dans l'alcool, incristallisable ; elle n'éprouve pas la fermentation alcoolique ; inaltérable à l'air sec, mais pouvant s'acidifier dans un air humide.

Exposée aux rayons solaires, elle perd une grande partie de sa couleur.

Elle se comporte avec les réactifs comme le fait la Gomme arabique.

100 parties d'eau en dissolvent, à 20°, 18,49 parties, et à 100°, 24,17 parties.

Sa dissolution est toujours plus transparente que celle de la Gomme arabique. Comme cette dernière, elle fait passer à travers les filtres de papier, des substances solides, qui n'y passeraient pas si elles étaient en suspension dans l'eau pure.

L'air agit sur cette dissolution comme sur celle de la Gomme arabique.

Les nombreux essais que j'ai faits m'ont appris qu'on obtient le *maximum* d'acide mucique en traitant cette Gomme par cinq fois son poids d'acide nitrique. J'ai vu aussi que si l'on employait plus ou moins d'acide nitrique, on avait, dans le premier cas, moins d'acide mucique et plus d'acide oxalique, et, dans le second cas, toute la Gomme n'était pas convertie en acides mucique et oxalique.

2

100 parties traitées par 500 parties d'acide nitrique donnent 16,70 parties d'acide mucique tout-à-fait semblable à celui que fournit la Gomme arabique.

Conclusion. La Gomme du Sénégal n'est pas un principe immédiat pur. Si nous comparons entre elles les Gommes arabique et du Sénégal, nous voyons que leur composition élémentaire et leur solùbilité dans l'eau sont sensiblement les mêmes ; que l'air, la lumière, les réactifs chimiques agissent sur elles de la même manière ; enfin, qu'elles donnent à peu près la même quantité d'acide mucique.

Nous concluons de là que ces deux substances sont identiques.

Gomme adragante. $(C^{25} O^{27} H^{54}.)$

Composition immédiate.		Composition élémentaire.		
			Poids.	*Atomes.*
Eau...........	11,10	Carbone..	38,61	25
Cendres......	2,50	Oxigène..	54,60	27
Partie sol.....	53,30	Hydrog...	6,79	54
Partie insol....	33,10			
	100,00.		100,00.	

La composition immédiate a été trouvée de la manière suivante :

J'ai déterminé combien la Gomme adragante perdait dans le vide sec à 125°, et combien elle donnait de cendres. Ces déterminations étant faites, j'ai mis 1 gramme de cette Gomme dans un flacon bouché à l'émeri, de la capacité de 2 litres ; je l'ai rempli entièrement d'eau. Après l'avoir bouché, je l'ai abandonné pendant dix jours dans un lieu où la température était 15°, en ayant la précaution de l'agiter de temps à autre ; au bout de ce temps j'ai jeté le tout sur un filtre en papier, que j'ai lavé avec un litre d'eau : à mesure que la liqueur était filtrée, je l'évaporais tout de suite à siccité, au bain-marie, dans une capsule en argent. Si on ne l'évaporait pas promptement, elle deviendrait acide par son contact prolongé avec l'air aidé de la chaleur. Le résidu a été pesé, je l'ai ensuite exposé dans le vide sec à 125°, jusqu'à ce qu'il n'y eût plus de perte, puis je l'ai incinéré, pour connaître la quantité de cendres qu'il renfermait. J'ai agi de la même manière sur la matière insoluble restée sur le filtre. J'ai pu ainsi déterminer les matières soluble et insoluble de cette gomme. Le résultat ci-dessus est la moyenne entre trois expériences qui différaient peu entre elles.

Bucholz, qui s'est occupé du même sujet, a trouvé :

Partie soluble..... 57
Partie insoluble... 43
100.

Ce chimiste regarde comme partie *gommeuse* tout ce qui a été dissous par l'eau, en sorte qu'il prend la différence entre la Gomme adragante et le résidu de l'évaporation à siccité de la solution aqueuse. Cette différence est pour lui la *partie insoluble* de cette Gomme, partie qu'il nomme *gélatineuse,* et qu'il considère comme un principe particulier, quoiqu'il ne l'ait soumis à aucune expérience propre à en déterminer l'espèce.

D'après cette manière d'opérer, il néglige l'eau et les cendres renfermées dans la Gomme adragante et dans les parties soluble et insoluble de cette Gomme. Il n'est donc pas étonnant que nos résultats diffèrent beaucoup.

Examen des cendres. On y rencontre des carbonates de potasse, de chaux, des traces de sulfate et de phosphate de chaux, très peu de chlorure de potassium, de l'oxide de fer, de l'alumine, de la silice, et de la magnésie en très petite quantité.

Propriétés de la Gomme. Elle a l'aspect de petits rubans entortillés; elle est tantôt très blanche, tantôt rougeâtre. Sous le premier état, elle renferme moins de matières inorganiques que sous le second. Elle est dure et un peu cassante, assez ductile pour se laisser difficilement pulvériser; chauffée entre 40° et 50°, elle se réduit plus facilement en poudre.

Lorsqu'on a fait bouillir cette Gomme avec de l'eau, de manière à l'amener à l'état d'empois, si l'on y verse quelques gouttes d'une dissolution alcoolique d'iode, la partie touchée devient d'abord d'un bleu très foncé tirant sur le noir, quelque temps après elle passe au bleu, ensuite au bleu clair très beau, puis au violet, au rose, enfin la couleur finit par disparaître totalement, et la gomme reprend son état primitif de blancheur.

Ces changemens sont d'autant plus rapides qu'il y a moins d'iode en contact avec la Gomme; ils peuvent s'effectuer dans l'espace de quelques heures : mais si l'iode domine, il faut plusieurs jours avant que cette substance organique soit revenue à son état naturel.

Il n'est pas indispensable que la Gomme adragante soit à l'état d'empois pour que l'expérience
réussisse ; seulement, lorsqu'elle est en rubans, l'action de l'iode est moins marquée. Il n'est pas non
plus nécessaire que l'iode soit dissous dans l'alcool ;
car lorsqu'on l'applique à l'état solide sur de la
Gomme en rubans humectée, les diverses couleurs
se manifestent, mais il n'est pas aussi facile de les
distinguer.

Cette nouvelle propriété, inconnue jusqu'alors ,
n'appartient qu'à la partie insoluble de la Gomme
adragante ; car je me suis assuré que la partie soluble, isolée de la partie insoluble, ne donne aucune
couleur lorsqu'on la met en contact avec une dissolution alcoolique d'iode. Cependant, si la partie soluble renfermait la moindre trace de partie insoluble,
en y versant quelques gouttes de cette dissolution alcoolique on apercevrait des points bleus. Cette propriété
fournit un caractère pour reconnaître si la partie soluble est entièrement privée de partie insoluble.

Désirant savoir si cette propriété n'appartenait qu'à
la Gomme adragante ou qu'à sa partie insoluble,
j'ai fait des essais sur les autres Gommes, qui ne
m'ont présenté aucun changement de couleur.

Il résulte de l'expérience que je viens de rapporter, et d'une autre antérieure à la mienne, que la
propriété dont jouit une substance de se colorer en
bleu par l'iode n'est plus un caractère aussi exclusif pour constater la présence de l'amidon.

On obtient le *maximum* d'acide mucique en
traitant cette Gomme par dix fois son poids d'acide
nitrique.

100 parties de Gomme, traitées par 1000 parties d'acide nitrique, ont donné 22,39 parties d'acide mucique, et de l'acide oxalique.

Remarque. M. Pelletier dit qu'on retire beaucoup d'acide mucique de la Gomme adragante et fort peu de la Gomme arabique. (Thèse sur les Gommes-résines, page 20.) Ce chimiste distingué ne rapporte aucune expérience à l'appui de cette assertion qui ne s'accorde, ni avec les résultats de Fourcroy et Vauquelin, ni avec les miens ; car, en comparant les quantités d'acide mucique fournies par les Gommes arabique et adragante, on voit qu'elles sont entre elles à peu près comme 3 est à 4.

Nous conclurons de tout ce que nous venons de dire,

1°. Que la Gomme adragante ne peut être regardée comme une *éspèce,* puisqu'elle renferme deux parties, l'une soluble, et l'autre insoluble dans l'eau ;

2°. Qu'elle jouit de la propriété de se colorer en bleu par l'iode.

Partie soluble de la Gomme adragante. ($C^6O^5H^{10}$.)

Composition immédiate.		Composition élémentaire.		
			Poids.	*Atomes.*
Eau........	12,10	Carbone.......	42,01.......	6
Cendres....	11,50	Oxigène.......	51,57.......	5
Gomme....	76,40	Hydrogène....	6,42	10
	100,00		100,00	

Propriétés. Elle se présente en plaques demi-transparentes, d'un gris légèrement jaunâtre ; elle a une saveur un peu amère, qui provient de quelque matière étrangère qu'elle renferme ; elle est cassante, facile à pulvériser, inaltérable à l'air sec, mais pouvant s'acidifier dans un air humide, insoluble dans l'alcool, incristallisable ; elle n'éprouve pas la fermentation alcoolique ; elle a une légère odeur.

Sa dissolution aqueuse se comporte avec l'air et les réactifs comme le fait celle de la Gomme arabique.

100 parties d'eau en dissolvent, à 20°, 17,43 parties, et à 100°, 23,34 parties.

La solution est un peu louche, parce que cette partie soluble entraîne à travers le filtre de la matière insoluble extrêmement divisée. Ceci rend compte de ce que Bucholz avance, savoir :

Qu'elle forme, avec sept parties d'eau, une liqueur visqueuse qui a plus de consistance qu'une partie de Gomme arabique dissoute dans la même quantité d'eau.

Je me suis assuré que quand cette partie soluble est privée de partie insoluble, sa dissolution n'est pas plus visqueuse que celle de la Gomme arabique, toutes choses égales d'ailleurs.

Le *maximum* d'acide mucique est obtenu en traitant cette Gomme par huit fois son poids d'acide nitrique.

100 parties, traitées par 800 parties d'acide nitrique, ont donné 15,21 parties d'acide mucique moins blanc que celui qui provient de la Gomme arabique, et de l'acide oxalique.

Préparation. On traite à froid une partie de Gomme adragante par 1000 parties d'eau ; on agite pendant quelque temps ; on décante la liqueur, que l'on passe à travers un filtre en papier; on continue ce traitement jusqu'à ce que le liquide décanté ne contienne que très peu de matière soluble. La liqueur filtrée est évaporée tout de suite au bain-marie, dans une capsule en argent. L'évaporation ne doit pas durer plus de 24 à 36 heures, autrement le résidu serait acide.

Si l'on employait moins de 1000 parties d'eau pour une de Gomme, on aurait une dissolution qui, au bout de quelques heures, ne traverserait plus le filtre. En traitant même par 1000 parties d'eau, on est obligé de renouveler le filtre après 24 heures.

Conclusion. Toutes les propriétés de la Gomme arabique étant les mêmes que celles de la partie soluble de la Gomme adragante, cette dernière donnant de l'acide mucique presque autant que la Gomme arabique, en outre leur analyse élémentaire différant peu, vu les causes d'erreurs presque inévitables dans de pareilles expériences, nous conclurons qu'il y a identité entre ces deux substances.

Nous voyons donc déjà que les Gommes arabique, du Sénégal, et la partie soluble de la Gomme adragante, ne forment qu'une seule *espèce.*

Partie insoluble de la Gomme adragante. ($C^5O^6H^{12}$.)

Composition immédiate.	Composition élémentaire.		
		Poids.	*Atomes.*
Eau........ 18,71	Carbone......35,79		5
Cendres.... 4,27	Oxigène......57,10		6
Gomme.... 77,02	Hydrogène.... 7,11		12
100,00		100,00	

Propriétés. Elle se présente sous la forme d'é-
cailles d'un blanc sale, assez faciles à pulvériser ; elle
est incristallisable, inodore, insipide, inaltérable à
l'air sec, pouvant s'acidifier dans un air humide, insoluble dans l'eau froide, presque insoluble dans l'eau
bouillante, seulement elle absorbe ce liquide en se
gonflant considérablement, et forme un mucilage très
épais. Elle est insoluble dans l'alcool, et n'éprouve
pas la fermentation alcoolique.

Bucholz ayant fait bouillir, pendant une demi-
heure, 4 onces de cette matière avec 16 onces d'eau,
rapporte qu'il obtint un liquide clair qui ne laissa dé-
poser aucune substance gélatineuse après le refroidissement.

Pour vérifier cette expérience, j'ai fait bouillir pendant une heure cette partie insoluble avec 1000 parties d'eau ; j'ai laissé reposer la liqueur après l'avoir
retirée du feu, il s'est précipité une matière floecon-
neuse par le refroidissement. La liqueur a été filtrée
et évaporée à siccité ; le résidu était excessivement
minime.

L'expérience répétée trois fois a toujours donné le
même résultat.

Mise en contact, à l'état de gelée, avec une dissolution alcoolique d'iode, elle passe par les couleurs que
nous avons signalées plus haut, en étudiant la Gomme
adragante.

L'acide hydro-chlorique très faible la dissout complètement.

Elle donne le *maximum* d'acide mucique en la traitant par dix fois son poids d'acide nitrique.

100 parties traitées par 1000 parties d'acide ni-

trique, ont fourni 23,94 parties d'acide mucique un peu grisâtre, et de l'acide oxalique.

Préparation. On fait tomber un filet d'eau pendant vingt heures sur de la Gomme adragante placée sur un tamis de soie; on la malaxe de temps à autre ; ensuite on dessèche le résidu entre plusieurs toiles, et l'on finit de chasser l'eau en exposant la matière à la chaleur du bain-marie, dans une capsule d'argent

Par ce procédé on obtient la partie insoluble privée de la partie soluble.

Conclusion. Cette substance organique étant insoluble dans l'alcool, n'affectant aucune forme cristalline, n'éprouvant pas la fermentation alcoolique, et surtout donnant de l'acide mucique et de l'acide oxalique quand on la traite par l'acide nitrique, appartient sans aucun doute au genre *Gomme;* mais comme elle diffère de la Gomme arabique par la proportion de ses élémens, par son insolubilité dans l'eau, par les couleurs qu'elle prend quand on la met en contact avec l'iode, enfin par la quantité d'acide mucique qu'elle donne, nous en ferons une *espèce* particulière que nous nommerons *Adragantine.*

Gomme de Bassora. $(C^{10} O^{11} H^{22}.)$

Composition immédiate.		Composition élémentaire.		
			Poids.	Atomes.
Eau......	21,89	Carbone....37,54	..10
Cendres........	5,60	Oxigène....55,56	..11
Partie soluble.....	11,20	Hydrogène.. 6,90	..22
Partie insoluble...	61,31.			
	100,00		100,00	

L'analyse immédiate a été faite en mettant un gramme de cette Gomme dans un flacon à l'émeri, de la capacité d'un litre, qu'on a rempli d'eau et bouché. Après quatre jours, pendant lesquels on a agité le flacon de temps en temps, le tout a été jeté sur un filtre qui a été lavé avec un litre d'eau. La suite de l'opération étant tout-à-fait semblable à ce qui a été décrit dans l'analyse de la Gomme adragante, je me dispenserai de la rapporter.

Examen des cendres. Elles renferment des carbonates de potasse, de chaux, des traces de sulfate et de phosphate de chaux, peu de chlorure de potassium, de l'alumine, de la silice, de l'oxide de fer et de la magnésie en quantité très notable.

Propriétés de la Gomme. Elle est d'un blanc légèrement jaunâtre, en morceaux d'une grosseur moyenne; les uns offrent des cavités, les autres sont aplatis et sillonnés, d'autres présentent des excroissances : elle est incristallisable, dure, difficile à pulvériser, inaltérable à l'air sec et humide, inodore, insipide, insoluble dans l'alcool ; elle n'éprouve pas la fermentation alcoolique ; elle renferme dans son intérieur des débris de végétaux.

Il est difficile de se la procurer très belle dans le commerce ; celle que l'on vend communément est très impure, et colorée en jaune-brun.

Vauquelin (*Bulletin de Pharmacie*, tom. III, p. 56), ayant mis cette Gomme pendant cinq jours en macération dans l'eau froide, dit qu'il ne s'en est pas dissous un atôme ; en outre, il l'a fait bouillir avec ce liquide, qui n'en a pas dissous davantage. Il ne l'a soumise à aucune épreuve propre à en faire connaître l'espèce.

Ces résultats étant contraires aux miens, j'ai dû me mettre en garde contre mes expériences ; aussi les ai-je recommencées plusieurs fois : j'ai toujours obtenu deux parties, l'une soluble et l'autre insoluble.

Un morceau de cette Gomme, mis avec cinq à six fois son poids d'eau froide, s'y gonfle prodigieusement, se divise, absorbe toute l'eau et ressemble à de la gélatine blanche séparée en un très grand nombre de parties avec une spatule ; une portion se dissout dans l'eau, et l'autre y est complètement insoluble.

Le *maximum* d'acide mucique s'obtient en la traitant par huit fois son poids d'acide nitrique.

100 parties traitées par 800 parties d'acide nitrique, ont donné 21,06 parties d'acide mucique, et de l'acide oxalique.

Conclusion. Un raisonnement semblable à celui que nous avons fait pour la Gomme adragante, nous montre que la Gomme de Bassora ne peut être considérée comme une *espèce*.

Partie soluble de la Gomme de Bassora. ($C^6 O^5 H^{10}$.)

Composition immédiate.		Composition élémentaire.		
			Poids.	*Atomes.*
Eau........	12,30	Carbone.......	43,46....	6
Cendres....	6,50	Oxigène.......	50,28....	5
Gomme....	81,20	Hydrogène.....	6,26....	10
	100,00		100,00	

Propriétés. Elle est en écailles d'une légère couleur rousse, un peu amères, très cassantes, facilement pulvérisables, incristallisables, inaltérables à l'air sec, mais pouvant s'acidifier dans un air humide; elle attire l'humidité de l'atmosphère, insoluble dans l'alcool, n'éprouvant pas la fermentation alcoolique. Elle se dissout entièrement dans l'eau, qu'elle rend un peu louche, parce qu'elle entraîne toujours un peu de matière insoluble : la dissolution légèrement jaunâtre se comporte, avec les réactifs et l'air, comme le fait celle de la Gomme arabique.

100 parties d'eau en dissolvent, à 20°, 17,28 parties, et à 100°, 22,98 parties.

Le *maximum* d'acide mucique est obtenu en la traitant par six fois son poids d'acide nitrique.

100 parties, traitées par 600 parties d'acide nitrique, ont fourni 15,42 parties d'acide mucique un peu grisâtre, et de l'acide oxalique.

Préparation. On fait digérer pendant une heure la Gomme de Bassora dans 100 parties d'eau froide, en remuant de temps à autre; on décante la liqueur, on la passe sur un filtre en papier; le liquide filtré est évaporé promptement à siccité au bain-marie : on continue ce traitement jusqu'à ce que l'eau ne dissolve plus de matière organique.

Si l'on chauffait plus de 24 à 36 heures la dissolution sans l'évaporer à siccité, elle pourrait s'altérer et devenir acide.

Conclusion. En appliquant ici le raisonnement que nous avons fait pour la partie soluble de la Gomme adragante, nous concluons que la partie soluble de la Gomme de Bassora est identique à la Gomme arabique.

Partie insoluble de la Gomme de Bassora. ($C^{25}O^{28}H^{56}$.)

Composition immédiate.	Composition élémentaire.		
		Poids.	*Atomes.*
Eau....... 18,10	Carbone.......37,28.......25		
Cendres.... 4,10	Oxigène ......55,87.......28		
Gomme.... 77,80	Hydrogène.....6,85.......56		
100,00	100,00		

Il est à remarquer qu'elle se rapproche beaucoup de la Gomme adragante par sa composition élémentaire seulement.

Propriétés. Elle a la forme de plaques d'un blanc sale; elle est demi-transparente, insipide, inodore, incristallisable, assez facile à pulvériser, inaltérable à l'air sec, mais susceptible de devenir acide dans un air humide, insoluble dans l'alcool, n'éprouvant pas la fermentation alcoolique. Elle est insoluble dans l'eau, soit à froid, soit à chaud; seulement elle en absorbe une très grande quantité et gonfle considérablement.

Mise en poudre très fine, avec six à huit fois son poids d'eau froide dans un verre, elle forme une gelée tellement épaisse, qu'on peut renverser le verre sans crainte de la faire tomber.

Elle se dissout presque en entier à 100° dans de l'eau aiguisée d'acide hydro-chlorique.

Elle donne le *maximum* d'acide mucique lorsqu'on la traite par dix fois son poids d'acide nitrique.

100 parties traitées par 1000 parties d'acide nitrique ont fourni 22,61 parties d'acide mucique, et de l'acide oxalique.

Préparation. On lave à froid la Gomme de Bassora

à grande eau, on décante la liqueur, on continue ce traitement jusqu'à ce que l'eau n'enlève plus rien à cette Gomme ; alors on laisse égoutter le résidu, on le sèche entre des toiles, puis on finit de chasser l'eau en l'exposant au bain-marie dans une capsule d'argent.

Remarque. M. Pelletier a extrait des Gommes-résines une substance à laquelle il a donné le nom de *Basso-rine;* elle ressemble, par quelques-unes de ses propriétés, à celle que je viens de décrire. Ce chimiste n'a fait aucune expérience pour déterminer à quelle espèce de substance organique elle appartenait. C'est en traitant les Gommes-résines successivement par l'eau, l'alcool et l'éther sulfurique, qu'il l'a extraite.

Ce procédé étant long et dispendieux, il est plus simple d'extraire la bassorine de la Gomme de Bassora, qui en renferme une quantité double de celle qui est contenue dans le *Bdellium,* Gomme-résine qui en donne le plus parmi toutes celles qui ont été examinées par M. Pelletier.

Conclusion. Cette partie insoluble de la Gomme de Bassora paraît avoir la plus grande ressemblance avec l'*adragantine;* cependant elle ne se colore pas en bleu par l'iode, comme le fait cette dernière, et leurs compositions élémentaires diffèrent un peu, ainsi que les quantités d'acide mucique qu'elles fournissent.

D'après ces dernières considérations, et puisqu'elle est semblable à la substance extraite par M. Pelletier, des Gommes-résines, nous en formerons une nouvelle *espèce* que nous continuerons provisoirement de nommer *Bassorine,* parce qu'il serait possible que l'*adragantine* ne différât de la *bassorine* que par une matière étrangère; c'est, au reste, ce que je me propose de voir

dans les recherches que j'ai entreprises sur les mucilages des graines.

Caractères génériques des Gommes.

Les recherches précédentes nous permettent d'assigner d'une manière précise les caractères génériques
des Gommes.

Ce sont des substances insipides, solubles dans l'eau
froide ou susceptibles de se gonfler considérablement
en absorbant ce liquide.

Insolubles dans l'alcool.

Elles n'éprouvent pas la fermentation alcoolique.

On ne les a pas encore obtenues à l'état cristallin.

Enfin elles sont surtout caractérisées par l'acide
mucique qu'elles donnent lorsqu'on les traite par l'a-
cide nitrique.

(*Voyez* pour l'importance des caractères de cet ordre
Considérations organiques de M. Chevreul, page 39.)

Sucre de lait.

Les Gommes et le sucre de lait étant les seules substances qui, traitées par l'acide nitrique, donnent des
acides oxalique et mucique, il était bon de connaître
lesquelles de ces substances en fournissaient le plus.

À cet effet, j'ai purifié du sucre de lait de la manière
suivante :

J'en ai dissous dans l'eau bouillante jusqu'à satu-
ration; j'ai filtré; il est resté sur le filtre une matière
caséeuse. La liqueur a cristallisé par le refroidissement;
elle a été abandonnée à elle-même : au bout de quelques jours il s'est formé à la surface beaucoup de
moisissures; j'ai redissous à chaud le sucre de lait
cristallisé, je l'ai fait cristalliser de nouveau; j'ai

répété cette opération cinq fois, alors ce sucre était privé de matière animale.

Propriétés. Le sucre de lait est d'une blancheur éclatante, il cristallise en parallélépipèdes réguliers, terminés par des pyramides à quatre faces. Il est transparent, très dur, il croque sous la dent.

Les expériences que je vais rapporter ont été faites sur ce sucre pulvérisé et tamisé.

Composition immédiate.

Eau 0,80
Cendres. 0,02
Sucre de lait. 99,18
————
100 ,00

Je n'ai trouvé que de la chaux dans les cendres.

100 parties d'eau dissolvent à 20° 10,91 parties de sucre de lait, et à 100° 96,70 parties.

J'ai fait un très grand nombre d'essais sur ce sucre, afin de savoir qu'elles étaient les proportions convenables d'acide nitrique, pour le convertir en acide mucique ; je suis arrivé aux résultats suivans :

100 parties de ce sucre, traitées par 200 parties d'acide nitrique, ne sont pas entièrement attaquées.

100 parties, traitées par 600 parties d'acide nitrique, donnent 28,62 parties d'acide mucique, qui représentent le *maximum* de ce qu'on peut obtenir : on a en outre de l'acide oxalique.

Si l'on emploie plus ou moins d'acide nitrique, il y a moins d'acide mucique.

Remarque. L'acide mucique obtenu du sucre de lait

3

ou des Gommes étant dissous dans l'eau bouillante ; cristallise, par le refroidissement, en petites écailles, qui offrent sur leurs bords une multitude de petites pointes qui m'ont paru être des prismes à bases rectangulaires entrelacés les uns dans les autres.

Tableau des quantités d'acide mucique données par 100 parties des Gommes précédemment étudiées.

Gommes.	Acide mucique.
Arabique....................	16,88
Du Sénégal................	16,70
Partie soluble de la Gomme adragante..	15,21
Partie soluble de la Gomme de Bassora..	15,42
Adragante..................	22,39
De Bassora................	21,06
Partie insoluble de la Gomme adragante.	23,94
Partie insoluble de la Gomme de Bassora.	22,61.

Nous tirons de ce tableau les conséquences suivantes :

1°. Les Gommes solubles et les parties solubles des Gommes qui ne se dissolvent qu'incomplètement dans l'eau, donnent toutes sensiblement la même quantité d'acide mucique.

2°. Les parties insolubles des Gommes adragante et de Bassora donnent à peu près la même quantité d'acide mucique.

3°. La quantité d'acide mucique fourni par les parties insolubles, est plus grande que la quantité du même acide fourni par les Gommes solubles ou par les parties solubles des Gommes qui ne se dissolvent qu'incomplètement.

4°. L'analyse immédiate ayant appris que 100 parties de Gomme adragante renferment 61,68 parties solubles et 38,32 parties insolubles, si l'on calcule, d'après ce tableau, les quantités d'acide mucique données par chacune de ces parties et qu'on en fasse la somme, on trouve 18,55, dont la différence entre 22,39 est 3,84.

5°. L'analyse immédiate ayant appris que 100 parties de Gomme de Bassora contiennent 15,44 parties solubles et 84,56 parties insolubles, si l'on fait un calcul analogue au précédent, on a 21,50 parties d'acide mucique qui diffèrent de 21,06 de la quantité 0,44.

En tenant compte des causes d'erreurs, presqu'inévitables dans de semblables expériences, on voit que les différences sont assez petites pour pouvoir être négligées; en outre, si l'on réunit à ces résultats les caractères qui ont été signalés en étudiant chacune des Gommes, on en tirera les conclusions suivantes :

1°. Il existe trois *espèces* de Gommes: l'une soluble, que M. Chevreul appelle *arabine;* deux autres insolubles, dont l'une a reçu le nom de *Bassorine,* et l'autre que je nommerai *Adragantine.*

2°. La Gomme arabique est composée d'*arabine,* d'une matière colorante jaunâtre, de substances inorganiques, et d'une très petite quantité de matière azotée.

3°. La Gomme du Sénégal est composée *d'arabine,* d'une matière colorante rougeâtre, de substances inorganiques, et d'une très petite quantité de matière azotée.

4°. 100 parties de Gomme adragante renferment

61,68 parties d'*arabine* et 38,32 parties d'*adragantine*.

5°. 100 parties de Gomme de Bassora contiennent 15,44 parties d'*arabine* et 84,56 parties de *bassorine*.

6°. Le sucre de lait donne plus d'acide mucique que les Gommes.

Vu et approuvé par le Doyen de la Faculté des Sciences de l'Académie de Paris.

23 Septembre 1830.

BARON THENARD.

Permis d'imprimer.

L'Inspecteur général des Études, chargé de l'Administration de l'Académie de Paris.

ROUSSELLE.

IMPRIMERIE DE HUZARD-COURCIER,
rue du Jardinet, n° 12.